Fingesi Udochi I.
Proverb Benjamin

Reavaliação da aquisição e dispersão de sementes pelo babuíno da oliveira

Fingesi Udochi I.
Proverb Benjamin

Reavaliação da aquisição e dispersão de sementes pelo babuíno da oliveira

ScienciaScripts

Imprint
Any brand names and product names mentioned in this book are subject to trademark, brand or patent protection and are trademarks or registered trademarks of their respective holders. The use of brand names, product names, common names, trade names, product descriptions etc. even without a particular marking in this work is in no way to be construed to mean that such names may be regarded as unrestricted in respect of trademark and brand protection legislation and could thus be used by anyone.

Cover image: www.ingimage.com

This book is a translation from the original published under ISBN 978-620-2-02496-9.

Publisher:
Sciencia Scripts
is a trademark of
Dodo Books Indian Ocean Ltd. and OmniScriptum S.R.L publishing group

120 High Road, East Finchley, London, N2 9ED, United Kingdom
Str. Armeneasca 28/1, office 1, Chisinau MD-2012, Republic of Moldova, Europe
Printed at: see last page
ISBN: 978-620-7-74761-0

reavaliação da aquisição
e dispersão de sementes
pelo papagaio-de-oliveira
(*Papio anubis*) em gashaka-gumti
PARQUE NACIONAL. NIGÉRIA.

*Fingesi, U.I e Benjamin, P.
Escola Federal de Gestão da Vida Selvagem, P. M. B.
268, New Bussa, Estado do Níger.

RESUMO

Este estudo centrou-se na aquisição e dispersão de sementes pelo babuíno da oliveira (*Papio anubis*) no Parque Nacional Gashaka-Gumti (GGNP), na Nigéria. Foi realizado para obter informações sobre os tipos de sementes dispersas pelos babuínos da oliveira na área de estudo, determinar o comportamento de manuseamento dos frutos, bem como os padrões de dispersão dos babuínos da oliveira na área de estudo. A metodologia utilizada no estudo inclui a utilização de observação direta. Foi utilizado para o estudo um grupo de babuínos habituados na aldeia de Gashaka e na Serra de Filinga. O método de varrimento foi utilizado para determinar a forma como os babuínos adquirem e manuseiam as sementes, enquanto o Sistema de Posicionamento Global (GPS) foi utilizado para determinar a distância a que as sementes se afastam da planta-mãe. Os dados obtidos foram analisados através de estatísticas descritivas (tabela e gráfico). Os resultados obtidos revelaram que o número e os tipos de espécies de árvores comidas e deslocadas pelos babuínos nas parcelas amostradas são muito elevados. Os frutos e as suas sementes observados comidos pelos babuínos foram 2612, enquanto um total de 31859 sementes foram retiradas da planta-mãe (quadro 1). Os resultados também indicaram que *Cercocephalis laurifolis* 30,15% teve a maior remoção de sementes, seguida por *Landolphia marcurantha* 28,02%, enquanto *Erythrophyleum suavaolens* 0,5% foi a semente menos consumida. Para o manuseamento das sementes, os babuínos-oliváceos engolem sementes inteiras, que são depois defecadas; algumas sementes são deixadas cair e outras são cuspidas. A distância percorrida pelas sementes variou entre 1-25m por espécie de semente, enquanto a distância total percorrida por mês variou entre 635m no mês de abril e 1200m no mês de dezembro. Estes resultados sugerem, portanto, que os babuínos-oliva na área de estudo são bons dispersores de sementes após a aquisição das mesmas. As suas actividades contribuem para os processos naturais de regeneração florestal no Parque Nacional Gashaka Gumti. O Governo deve, por conseguinte, continuar a promover a conservação dos babuínos na área, de modo a contribuir para a perpetuação do ecossistema florestal. Palavras-chave: **Babuíno da oliveira, Sementes, Dispersão, Parque Nacional de Gashaka Gumti.**

ÍNDICE DE CONTEÚDOS

CAPÍTULO UM
INTRODUÇÃO
CONTEXTO DO ESTUDO

A dispersão de sementes de plantas por animais é um processo central para a auto-manutenção e a dinâmica das florestas tropicais. A dispersão de sementes ocorre quando as sementes são transportadas para longe da planta-mãe, de forma deliberada ou acidental. De acordo com Herrera e Pellmgr (2002), a dispersão de sementes é o processo pelo qual as sementes individuais se deslocam do ambiente imediato dos seus progenitores para se instalarem numa área mais ou menos distante. A dispersão de sementes determina o arranjo espacial e o ambiente físico das sementes e é um passo importante no ciclo reprodutivo da maioria das plantas (Wenny e Levey 1998). É importante na distribuição das plantas, no aumento da germinação das sementes ingeridas, no aumento da sobrevivência das plântulas devido à redução da concorrência em novos sítios, bem como na ajuda à regeneração de sítios previamente perturbados. A dispersão de sementes é, desde há muito, um tema de interesse para os naturalistas, mas só nas últimas três décadas é que a ecologia da dispersão recebeu uma atenção científica muito rigorosa (Herrera e Pellmgr 2002). Muitas vezes, os animais estão envolvidos na dispersão, como quando as formigas, os esquilos e os ratos recolhem e armazenam sementes (incluindo nozes). Se a semente armazenada for esquecida, ou se o animal morrer, as sementes podem germinar. O papel dos animais na dispersão de sementes é bem reconhecido. Cerca de 75% das espécies de árvores tropicais produzem frutos presumivelmente adaptados à dispersão por animais (Howe e Smallwood 1982), e estima-se que os animais transportem mais de 95% das sementes tropicais (Terborgh *et al.* 2002).

Os primatas, por exemplo, compreendem entre 25% e 40% da biomassa de frugívoros nas florestas tropicais (Chapman, 1995), comem grandes quantidades de frutos e defecam ou cospem um grande número de sementes viáveis (Lambert, 1999). A frugivoria dos primatas e a dispersão de sementes foram quantificadas por estudos na

América do Sul (Stevenson 2000), América Central (Chapman 1989a), África (Kaplin e Moermond 1998; Lambert 1999) e Ásia (McConkey 2000). A investigação demonstrou que os primatas dispersam um número significativo de sementes (McConkey 2000). Por exemplo, em Bornéu, um único grupo de gibões (*Hylobates mulleri ×agilis*) dispersou um mínimo de 16.400 sementes · km-2 · ano -1 de 160 espécies; e como a taxa de sobrevivência das sementes até 1 ano foi de 8%, um grupo de gibões dispersou efetivamente 13 plântulas· ha-^{1} · ano -^{1} (McConkey 2000).

Os babuínos estão entre os maiores e mais adaptáveis macacos do continente africano. Habitam quase todas as áreas, desde florestas a semi-desertos, da Etiópia ao Cabo da Boa Esperança (Kingdon 1997). Os babuínos são importantes no seu ambiente natural, não só servindo de alimento para predadores maiores, mas também ajudando na dispersão de sementes, devido aos seus hábitos de forrageamento desordenados. Assim, são um dos primatas africanos mais bem sucedidos e não estão listados como ameaçados ou em perigo.

A dispersão segue-se à aquisição de sementes, que é muito importante no processo de dispersão. Os animais podem adquirir sementes ativamente, através do processo de seleção de diferentes sementes ou frutos, ou passivamente, como boleias presas ao seu pelo ou penas ou consumidas acidentalmente com outros alimentos (Stiles 2002). Os dispersores de sementes desempenham um papel fundamental na regeneração e recuperação de ecossistemas perturbados e degradados (Wunderle 1997), incluindo solos vulcânicos recém-formados (Nishi e Tsuyuzaki 2004).

De acordo com Gawaisa, (2010) as paisagens tropicais degradadas, incluindo a Nigéria, estão a expandir-se em área à medida que as florestas são convertidas em pastagens ou terras agrícolas insustentáveis e depois abandonadas. A perturbação humana nestas áreas esgota frequentemente os recursos, por exemplo, os bancos de sementes necessários para a regeneração natural, pelo que a sucessão florestal pode depender da chegada do vento ou de ventos dispersos por animais. Esta situação conduz à perda de biodiversidade e, subsequentemente, à extinção de espécies (Chapman,

1995). Devido à extensão de tais terras degradadas e ao desejo de que estas áreas cumpram funções de conservação e de ecossistema, existe, portanto, a necessidade de determinar os processos naturais de regeneração florestal, a fim de fornecer as informações necessárias para promover a perpetuação do ecossistema florestal.

1.2 ENUNCIADO DOS PROBLEMAS

O aumento da população humana na Nigéria e no Parque Nacional Gashaka Gumti, ao longo das quatro décadas, resultou num aumento da procura de terras agrícolas, de pastagem para o gado e de recursos florestais, como a madeira para construção e energia (Gawaisa, 2010). Esta situação exerceu uma enorme pressão sobre a terra e os recursos de madeira em muitas partes do país e resultou na degradação dos recursos naturais. Além disso, o efeito combinado do pastoreio e dos incêndios florestais por parte dos pastores resulta na destruição de plântulas em regeneração, mudas e algumas das espécies vulneráveis na floresta, diminuindo assim as sementes e frutos disponíveis para regeneração.

Embora seja evidente que os primatas desempenham um papel importante na dispersão de muitas sementes nas florestas tropicais, o significado ecológico e evolutivo destas actividades não é bem compreendido. Poucos estudos foram efectuados sobre a relação entre primatas e plantas, tais como a ecologia da aquisição e dispersão de sementes na área protegida da Nigéria e no GGNP em particular. Estas razões motivam este estudo.

1.3 JUSTIFICAÇÃO DO ESTUDO

Este estudo tem como objetivo investigar o papel dos babuínos-oliváceos como agentes de aquisição e dispersão de sementes e a forma como contribuem para a regeneração natural da floresta no Parque Nacional Gashaka Gumti, o que abrirá caminho para promover a sua conservação e também informações até agora desconhecidas sobre a espécie. Isto mostrará o papel que a dispersão de sementes de primatas desempenha na formação da ecologia das florestas tropicais e lançará luz sobre novas direcções para a investigação sobre a dispersão de sementes de primatas. As informações obtidas também ajudarão a promover a perpetuação do ecossistema florestal. Os dados recolhidos ajudarão a avaliar as tendências destas relações em estudos futuros.

1.4 OBJECTIVOS DO ESTUDO

O objetivo geral é investigar a eficiência da dispersão de sementes dos babuínos da oliveira na área de estudo

1. Identificar os tipos de sementes dispersas pelos babuínos na área de estudo

2. Determinar o comportamento de manuseamento da fruta dos babuínos de Oliveira na área de estudo

3. Determinar os padrões de alcance/distância dos babuínos-oliva na área de estudo

4. Avaliar até que ponto a dispersão de frutos pelos babuínos é benéfica para os seres humanos.

1.5 ÂMBITO DO ESTUDO

Este trabalho de investigação abrange um total de 2000 m da área de estudo.

CAPÍTULO DOIS

2.　　　0REVISÃO DA LITERATURA

2. 1 CLASSIFICAÇÃO DO BABOA *(Papio anubis)*

De acordo com (Linnaeus, (1766) o babuíno pertence ao Reino Animal Filo Chordata Classe: Mammalia Ordem: Primatas Família: Cercopithecidae Género Papio; Espécie *Papio anubis,* outras espécies de babuínos incluem a chacma classificada como *Papio ursinus,* o babuíno oliváceo como *Papio anubis, o babuíno* amarelo como *Papio cynocephalus,* o babuíno hamadryas como *Papio hamadryas,* o mandril como *Mandrillus sphinx,* a broca como *Mandrillus leucophaeus,* e a gelada como *Theropithecus gelada.*

2.2 DESCRIÇÃO DO BABUÍNO DA OLIVEIRA

O babuíno oliváceo deve o seu nome à sua pelagem que, à distância, é de um tom verde-acinzentado (Lang, 2006). A uma distância mais próxima, a sua pelagem é multicolorida devido a anéis de amarelo-castanho e preto no pelo (Kingdon (1997)). No entanto, os pêlos da face do babuíno são mais finos e variam entre o cinzento-escuro e o preto. Esta coloração é partilhada por ambos os sexos, embora os machos tenham um nome de pêlos mais compridos, que se afunilam até ao comprimento normal ao longo do dorso (Shefferly, 2004). Para além do nome, o babuíno oliváceo macho difere da fêmea em termos de tamanho e peso. Os machos têm, em média, 70 cm de altura e pesam 24 kg, enquanto as fêmeas medem 60 cm e 147 kg. Tal como outros babuínos, o babuíno da azeitona não tem uma face plana, mas um focinho comprido e pontiagudo, semelhante ao de um cão (Shefferly, 2004).

Juntamente com o seu focinho, a cauda dos babuínos (3558cm) e o seu andar de quatro patas podem torná-los muito caninos (Lang, 2006). A cauda quase parece que alguém a partiu, porque a cauda é mantida na vertical sobre a anca durante o primeiro quarto, após o que cai abruptamente (Lang, 2006). A mancha de barras da garupa do babuíno é mais pequena no babuíno da azeitona. O babuíno da azeitona, como a maioria dos

Cercopithecines, tem uma bolsa de controlo com a qual armazena alimentos (Lang, 2006).

2.2.1 Área de distribuição e habitat do babuíno da oliveira

O babuíno da azeitona encontra-se na região da savana subsariana que se estende do Mali à Etiópia e ao norte da Tanzânia e também em várias regiões montanhosas do deserto do Sara. Tem uma pelagem castanha mais escura do que a do chacma (Kingdon 2008).

O babuíno da oliveira é o babuíno com a distribuição mais alargada de todos os babuínos, com uma distribuição em habitats de bosques e mosaicos florestais do Sahel e habitando uma faixa de 25 países da África equatorial (Lang, 2006). Ao longo desta vasta área de distribuição, o babuíno de Olive pode ser encontrado numa série de habitats diferentes (Shefferly, 2004). São geralmente caracterizados como espécies de savana, incluindo prados abertos perto de áreas arborizadas. Habitam prados em grande parte da sua área de distribuição, mas também podem ser encontrados em florestas húmidas e sempre verdes e perto de áreas de habitação humana e de cultivo (Lang, 2006).

2.2.2 Organização social do babuíno da oliveira

O babuíno das oliveiras vive em grupos de 15 a 150 pessoas, constituídos por alguns machos, muitas fêmeas e as suas crias (Lang, 2006). Existe uma hierarquia social complexa semelhante à que se encontra noutros primatas, como os gorilas e os chimpanzés. Cada babuíno tem uma posição social algures no grupo, dependendo da sua dominância. O domínio feminino é hereditário, com as filhas a terem quase a mesma posição que as mães. No entanto, os machos estabelecem o seu domínio com mais frequência. Tentam intimidar os outros machos e obrigá-los a submeterem-se. Não são raras as lutas entre machos e o vencido submete-se de seguida (Lang, 2006).

2.2.3 Alimentação e hábitos alimentares dos babuínos

Tal como vivem numa variedade de habitats, os babuínos das oliveiras são ecologicamente flexíveis, na medida em que consomem uma grande variedade de alimentos. De facto, vários estudos mostraram que é quase mais fácil enumerar os itens que os babuínos não comem do que descrever os itens que eles comem (Kingdon 1997). Os babuínos são omnívoros e consomem uma grande variedade de produtos, incluindo raízes, tubérculos, calos e frutos.

Folhas, flores, botões, sementes, cascas, exsudados, cactos, gramíneas, insectos, aves, ovos de aves e vertebrados até ao tamanho de antílopes (Strum 2001). Ao comerem erva, especialmente os rebentos tenros, os babuínos competem com o gado e outros animais selvagens. Mas, com as suas mãos ágeis, também apanham qualquer baga, semente, raiz, vagem ou flor que possam encontrar. Esta diversidade de dieta favorece os babuínos. Durante os maus momentos, quando todos os outros animais selvagens estão magros, os babuínos conseguem manter-se.

São também predadores eficientes de animais mais pequenos e das suas crias, mantendo as populações de alguns animais sob controlo (Groves 2005). Os babuínos têm sido capazes de preencher um enorme número de nichos ecológicos diferentes, incluindo locais considerados adversos para outros animais, como regiões ocupadas por assentamentos humanos. (Kingdon 1997).

2. 3 LOCALIZAÇÃO DE FRUTOS E SEMENTES

Os animais dependem de diferentes sentidos para a localização de frutos ou sementes. As espécies com visão cromática, como as aves, os primatas, as tartarugas e os esquilos, utilizam a cor como um sinal primário para encontrar o alimento e a cor dos frutos ou das partes de plantas associadas foi identificada como um sinal utilizado pelas aves para localizar o alimento (Wilson e Thompson, 1998; Stiles, 2000). Para além disso, a cor dos frutos maduros pode passar por uma mudança de cor em duas fases, ou as partes de plantas associadas podem desenvolver cores contrastantes chamadas bandeiras de frutos maduros (Stiles, 2000), ou frutos bicolores, antes do amadurecimento dos frutos, anunciando a presença iminente de frutos maduros. No outono, na zona temperada, algumas espécies mudam de cor mais cedo, fornecendo um sinal a longa distância para frugívoros migradores nativos, anunciando a presença potencial de frutos (Stiles, 2000). A importância de muitas cores diferentes de frutos, tanto dentro de cada espécie como entre espécies, permanece algo obscura, mas a importância de certas cores é sugerida pela distribuição não aleatória de frutos pretos e vermelhos comidos por aves e pela dominância de frutos amarelos e verdes comidos por animais que não têm visão cromática (Stiles, 2000). As aves também localizam as sementes através da visão, mas, na maioria das interacções, a seleção tem sido feita para a cripse, reduzindo as taxas de encontro pelas aves. Os mamíferos utilizam um olfato poderoso para localizar sementes em muitas circunstâncias nas florestas temperadas, nos prados e nos desertos (DeSteven *et al.*, 1984). Muitos mamíferos noturnos localizam os frutos através do olfato. Os odores a mofo, por exemplo, são produzidos por frutos que podem ser localizados por animais que procuram alimentos (van der Pijl, 1982).

2.4 AQUISIÇÃO DE SEMENTES

Os animais podem adquirir sementes quer ativamente, através do processo de seleção de diferentes sementes ou frutos, quer passivamente, como caronas presas ao pelo ou às penas ou consumidas com a comida (Traveset e Wilson, 1997). As características da morfologia externa, como os pêlos ou as penas, determinam a probabilidade de fixação da semente e o tempo necessário para que esta se desprenda. Quando as sementes têm diferentes tamanhos, números e distribuições de ganchos, os mamíferos podem ter grandes diferenças no comprimento e na densidade dos pêlos aos quais as sementes se podem fixar.

Algumas aves e mamíferos seleccionam as sementes como alimento, mas transportam-nas e armazenam-nas durante algum tempo antes de as comerem. As sementes foram muitas vezes colocadas num local superior para germinar (Stapanian e Smith, 1986). Algumas sementes são transportadas por um animal que as ingere como parte acidental de um outro alimento que está a comer. Tanto as sementes como as partes carnudas dos frutos são utilizadas pelos babuínos como alimento. Os babuínos seleccionam os alimentos com base num conjunto complexo de critérios, tais como a disponibilidade, a qualidade dos alimentos, a perceção da necessidade de alimentos, a localização dos frutos ou das sementes pelos animais, as restrições morfológicas que envolvem o tamanho ou a estrutura dos frutos e das sementes, as exigências tradicionais e a prevenção de toxinas por parte dos indivíduos que se alimentam (Jansen, 1982).

As características da morfologia externa, como os pêlos ou as penas, determinam a probabilidade de fixação das sementes ao corpo dos animais, a duração da fixação e o tempo necessário para que a semente se desloque (Stiles, 2000). Um grande número de sementes é deslocado por fixação passiva no pelo dos animais. Esta relação existe entre os mamíferos terrestres e as plantas que produzem sementes dentro da gama de alturas que estas espécies possuem. À medida que os animais caminham pela vegetação, as sementes com uma variedade de tamanhos e distribuição de ganchos diferentes são deslocadas das plantas-mãe e fixadas ao pelo. Quando as sementes têm tamanhos, números e distribuição de ganchos diferentes, os mamíferos podem ter grandes diferenças no comprimento e na densidade dos pêlos aos quais as sementes se podem fixar.

O comportamento de engolir sementes verificado nos primatas não é apenas benéfico para o animal, mas a investigação sugere que também é vantajoso para as árvores. Esta relação, que envolve vantagens para ambos os organismos, é um mutualismo (Marcus, 2009). Os primatas beneficiam ao utilizar as sementes da planta com flor como mecanismo de dispersão de sementes. Da mesma forma, as plantas beneficiam por terem um mecanismo fiável e eficaz de dispersão de sementes nos excrementos dos primatas.

2.5 DISPERSÃO DE SEMENTES

As plantas são estacionárias e, portanto, dependem de vários mecanismos de outros organismos para dispersar suas sementes e, por sua vez, se reproduzir. Isso é especialmente importante na floresta tropical, onde há muita competição pelo sucesso reprodutivo. Devido a essas pressões reprodutivas, a qualidade do dispersor de sementes de uma planta torna-se cada vez mais importante (Marcus, 2009). Muitas árvores, especialmente as espécies floridas, dependem de grandes vertebrados para fazer este trabalho, fornecendo alimento para primatas na esperança de que as sementes sejam excretadas, e ilesas, a uma certa distância da árvore-mãe (Holbrook e Loiselle, 2009).

A dispersão de sementes é uma das funções mais importantes das ligações móveis. Os vertebrados são os principais vectores de sementes para as plantas com flor, especialmente as espécies lenhosas (Howe e Smallwood 1982). Isto é especialmente verdade nos trópicos, onde a dispersão de sementes por aves pode ter levado ao aparecimento da dominância das plantas com flor. Pensa-se que a dispersão de sementes beneficia as plantas de três formas principais (Howe e Smallwood 1982):

• Escapar à mortalidade dependente da densidade causada por agentes patogénicos, predadores de sementes, concorrentes e herbívoros - Colonização ocasional de locais favoráveis mas imprevisíveis através de uma ampla disseminação de sementes.

• Dispersão dirigida para locais específicos que são particularmente favoráveis ao estabelecimento e à sobrevivência.

Embora a maioria das sementes seja dispersa a curtas distâncias, a dispersão a longa distância é crucial (Cain *et al.* 2000), especialmente em escalas de tempo geológicas durante as quais se calculou que algumas espécies de plantas atingiram distâncias de colonização 20 vezes superiores às que seriam possíveis sem dispersores de sementes vertebrados (Cain *et al.* 2000). Os dispersores de sementes desempenham um papel fundamental na regeneração e recuperação de ecossistemas perturbados e degradados, incluindo solos vulcânicos recém-formados (Nishi e Tsuyuzaki, 2004).

2.6 ANIMAIS QUE DISPERSAM SEMENTES

A grande maioria dos animais que dispersam sementes são vertebrados ou formigas. Entre os vertebrados, as aves são provavelmente os dispersores de sementes mais importantes, conforme determinado pelo número de propágulos disseminados com sucesso, seguidos pelos mamíferos, peixes, répteis e anfíbios (Stiles, 2000). Alguns escaravelhos de estrume podem rolar estrume de primatas, contendo sementes, até 5 m do local de deposição (Estrada e Coates-Estrada, 1994). A maior parte dos primatas inclui a fruta como uma parte importante da sua dieta, enquanto que os cães, ursos e civetas são os principais consumidores de fruta entre os carnívoros. Os elefantes comem frutos, bem como muitos outros tipos de vegetação (Estrada e Coates-Estrada, 1994),

A maioria das aves dispersa as sementes de alguma forma. Algumas espécies consomem, de facto, a polpa dos frutos ou as próprias sementes como alimento e movimentam um número variável de sementes durante esse processo. Entre as espécies que consomem os frutos e depositam as sementes ilesas, destacam-se os membros da ordem das aves empoleiradas (Passeriformes), os pombos (Columbiformes) e os pica-paus (Piciformes) (Stiles, 2000). Outras espécies deslocam as sementes presas nas patas, como os patos e os gansos (Anserifomes), as garças (Ciconiformes) e os grous (Gruiformes).

Os mamíferos são também representados por grandes grupos de espécies frutívoras e comedoras de mamíferos, alguns morcegos são especialmente frugívoros, como as raposas voadoras (Pteropridae) do velho mundo e o morcego americano de nariz em folha (Phyllostomatidae) (Lambert, 1999).

As espécies que comem sementes encontram-se principalmente entre os roedores, embora tanto os ungulados de dedos ímpares (Perissodactyla) e pares (Artiodactyla) como os macacos colobinos sejam grandes consumidores de sementes, muitas vezes como um subproduto da ingestão da parte folhosa das plantas (Davies *et al*, 1999).

Entre os anfíbios, DaSilva *et al,* (1989) demonstraram que a rã arbórea neo-tropical (*Hyla truncate)* é um dispersor de sementes frugívoro. Um estudo efectuado em três famílias de gatos, Pemilodidae, Doradidae e Auchenipteridae, serve como agente de dispersão de sementes. As formigas e os escaravelhos do estrume estão entre os grupos de não vertebrados que dispersam sementes em número apreciável.

A dispersão eficaz de sementes por vertebrados que se dedicam ao esvaziamento de sementes é caracterizada por quatro factores principais. Estes consistem na forma como o fruto é manuseado quando é colhido, na acidez dos produtos químicos no estômago a que as sementes são expostas, no facto de as sementes serem comidas individualmente ou em grupo e na distância que as sementes percorrem desde a árvore-mãe (Garber e Kitron, 1997). Holbrook e Loiselle (2009) examinaram a eficácia dos primatas como agentes dispersores de sementes, comparando primatas e tucanos em dois locais semelhantes no leste do Equador. Verificou-se que os primatas e os tucanos são dispersores de sementes de *Virola flexuosa*, que dependem inteiramente de vertebrados para a dispersão de sementes. Esses dois grupos sozinhos foram responsáveis por até 85% do total de sementes dispersas para essa espécie em ambos os locais. Os primatas, especificamente, consumiram mais sementes por visita do que qualquer outro dispersor (Holbrook e Loiselle, 2009). Da mesma forma, numa população de *Papio anubis* no norte da Costa do Marfim, os primatas foram responsáveis por 10,4% da dispersão de sementes de *Parkia biglobosa* (Kunz e Linsenmair, 2007). Outro estudo constatou que as sementes engolidas por *Saguinus mystax* e *Saguinus geoffroyi*, duas espécies de micos encontradas na América do Sul, eram altamente viáveis após a excreção. Quando testadas, as sementes recuperadas germinaram em 51-83% das vezes. Para além disso, os saguins foram também dispersores altamente eficazes quando se observou a distância de dispersão das sementes engolidas. A mobilidade dos micos permitiu que 87% das sementes de *Inga alba viajassem* mais de 100 metros da sua fonte original (Garber e Kitron, 1997).

2.7 MODO DE DISPERSÃO

Alguns primatas cospem ou defecam sementes em montes de sementes de baixa densidade e outras espécies de primatas defecam sementes em aglomerados de sementes de alta densidade. Os primatas prestam-se a uma avaliação da hipótese de dispersão por dispersão ou por aglomerados sugerida por Howe (1989) para todos os animais frugívoros. Howe (1989) propôs que muitas espécies de árvores são dispersas por pequenos frugívoros que regurgitam, cospem ou defecam as sementes isoladamente. Outras espécies são dispersas por grandes frugívoros que depositam um grande número de sementes num único local. Howe (1989) propôs que estas sementes dispersas em grupos germinam muito próximas umas das outras e, assim, desenvolvem defesas químicas ou morfológicas contra predadores de plântulas, agentes patogénicos e herbívoros que actuam de forma dependente da densidade. Estes processos devem, portanto, refletir-se na distribuição espacial dos adultos, sendo as espécies dispersas aleatórias ou amplamente dispersas e as espécies dispersas em touceiras altamente agregadas.

2.8 CARACTERÍSTICAS DOS PRIMATAS

De acordo com Chapman e Russo (2005), como agentes dispersores de sementes, os primatas frugívoros têm uma elevada diversidade funcional em características que influenciam os processos de dispersão, tais como a anatomia digestiva, o tamanho do corpo, a estrutura social, os padrões de movimento e a dieta, que geram heterogeneidade na sombra das sementes. Os primatas dispersam as sementes, em grande parte, por *endozoocoria*. Uma vez que um animal tenha localizado e adquirido frutos, resta o desafio de saber o que fazer com as sementes. Os invólucros protectores das sementes são normalmente difíceis de digerir e as próprias sementes podem também representar mais de metade do peso dos frutos consumidos pelos primatas (van Roosmalen (1984), Waterman e Kool 1994). As sementes engolidas podem assim representar um custo significativo, na medida em que não só aumentam a massa corporal do animal, como também podem deslocar do intestino digestas mais facilmente processadas e nutritivas. Dadas essas restrições, é um tanto surpreendente que a deglutição de sementes seja, de longe, o meio mais comum de dispersão de sementes por primatas nos Neotrópicos (Estrada e Coates-Estrada 1984; Chapman 1989; Andresen 1999). Nos Paleotrópicos, muitos primatas também engolem sementes (Lambert 1999, Kaplin e Lambert 2002); no entanto, cuspir sementes é comum em macacos africanos e asiáticos Cercopithecinae (Kaplin e Moermond 1998; Lambert 2000). As bolsas das bochechas dos Cercopithecines têm quase a mesma capacidade que os seus estômagos (Fleagle 1999) e permitem a estes macacos armazenar vários

frutos e extrair a polpa sem incorrer nos custos das sementes ingeridas (Lambert 1999).
Eles podem processar os frutos e cuspir as sementes nas árvores-mãe ou longe delas.
As estratégias de manuseamento de sementes dos primatas dependem das interacções
entre a sua anatomia digestiva e as características das espécies frutíferas (Norconk *et
al.* 1998).

2.9 Estimativa da taxa de dispersão de sementes

A importância relativa de cada espécie dispersora é estimada calculando o produto do
número de visitas registadas pelos observadores e o número de sementes retiradas ou
largadas.

Uma vez que os mamíferos deixam sementes viáveis em tufos, o número removido por
cada mamífero frugívoro deve ser descontado pela mortalidade esperada devido à
competição, não sendo possível amadurecer mais do que uma semente numa área
limitada, por exemplo $0,2\text{-}4\text{m}^2$. A constante utilizada é o número médio de sementes
por fezes para cada espécie (Howe, 1980). **2.10 Problemas enfrentados pela vida
selvagem**

O abate descontrolado de árvores, especialmente em reservas de caça no norte da
Nigéria, tem ameaçado a população de animais selvagens (Fuwape, 1991). Verificou-
se que os animais selvagens migram de áreas onde as coberturas de árvores são
removidas. Alguns animais não conseguem resistir a uma cobertura aberta devido à
desflorestação (Fuwape e Onyekwelu, 1995).

A lenha constitui o principal produto florestal, uma vez que é responsável por uma
grande parte das necessidades energéticas das famílias, especialmente nas zonas rurais.
De acordo com Fuwape, (1995) mais de 90% dos nigerianos dependem da lenha como
fonte de energia. Muitas pessoas das zonas rurais fazem da recolha de lenha a sua
principal ocupação. Após a preparação da terra para a agricultura, a madeira seca é
recolhida, mas durante a época baixa, as plantas em crescimento (árvores e arbustos)
são cortadas e secas para fornecer lenha para venda.

O abate de árvores e a recolha de lenha são outras causas de perda de plantas, o desbravamento imprudente da floresta para alimentação pelos agricultores, especialmente com a aplicação da agricultura mecanizada para obter matéria-prima localmente e aumentar a produção de alimentos, o que também afecta a sobrevivência das espécies de plantas selvagens (NEST, 1991).

A exploração excessiva para lenha e o sobrepastoreio são as principais causas da perda de vegetação na zona de savana da Nigéria. O corte raso de árvores para lenha ou para a indústria da madeira, sem pensar na replantação, é um fenómeno comum em muitas áreas. O pastoreio ilegal de gado doméstico numa área protegida é uma grande fonte de preocupação. O pastoreio intenso do gado leva ao pisoteio e à compactação do solo, reduzindo a sua estrutura. Em última análise, isto conduz à erosão do solo pelo vento e pela água. Por sua vez, também leva à alteração da distribuição dos animais e pode causar a migração total dos animais da zona. Ayeni *et al.* (1982) referem que os pastores ilegais não só transportam armas e participam em actividades de caça furtiva, como também fornecem logística aos caçadores locais. Para além do pastoreio, o corte de árvores como a *Afzelia africana, Kaya sennegalensis e Ptericarpus errinaceus).* Estes ramos cortados secam e aumentam a quantidade de combustível e calor quando o mato é queimado no ano seguinte.

A queima indiscriminada de arbustos é um dos principais problemas de perda de plantas no nosso ambiente (NEST, 1991). As queimadas contínuas e frequentes reduzem a capacidade de uma área se regenerar e de repor a sua vegetação natural (Kevin e Lewis, 1995). Ukpabi (1993) referiu que o fogo indiscriminado também pode levar à perda de fertilidade do solo, à alteração da estrutura do solo, à invasão do deserto e à extinção de certas espécies de pastagem.

CAPÍTULO TRÊS
3.1   A ÁREA DE ESTUDO

3.1.1 LOCALIZAÇÃO E DIMENSÃO

O Parque Nacional Gashaka Gumti é o maior e mais diversificado parque nacional da Nigéria, cobrindo uma área de cerca de 6670 km2. O parque está dividido entre os estados de Adamawa e Taraba. Está localizado no nordeste da Nigéria, entre as latitudes 6°.55' e 8°.05' N, e as longitudes 11°. 11' e 12°. 13' E, tendo como fronteira oriental a República Federal dos Camarões. O nome do parque deriva de duas das povoações mais antigas e históricas da região: A aldeia de Gashaka, em Taraba, e a aldeia de Gumti, no estado de Adamawa. O Parque Nacional Gashaka Gumti foi criado por decreto federal, agora lei, em 1991, através da fusão da reserva de caça de Gashaka com a reserva de Gumti (Parque Nacional Gashaka Gumti-GGNP, 1998).

3.1.2 CLIMA E ESTAÇÕES DO ANO

O padrão das zonas climáticas na área de estudo é distorcido pela influência existente nas áreas montanhosas que estão localizadas em toda a região. Isto resulta num aumento da precipitação nas cristas e nos flancos ocidentais destas cadeias montanhosas e na sombra da chuva a leste. A precipitação anual no parque varia entre 1200m no norte e 3000mm na região sul. A estação húmida decorre normalmente de abril a novembro e a estação seca de dezembro a março. As temperaturas nas terras baixas variam entre o mínimo noturno de 10°-15°C em dezembro e o máximo diurno de 40°-43°C em março e abril. As temperaturas podem ser muito mais baixas a altitudes mais elevadas e durante o período harmattan, que ocorre de novembro a março (GGNP, 1998).

3.1.3 TOPOGRAFIA

A região pode ser dividida em duas grandes províncias fisiográficas. As planícies do vale de Benue, que se situam a oeste e a norte da região, encontram-se predominantemente abaixo dos 300 m de altitude, enquanto as terras altas de Adamawa se situam a sul e a leste do parque. Assim, o sector sul é predominantemente montanhoso, com o pico mais alto da Nigéria, Chappal Waddi, situado na fronteira com os Camarões, a 2442 m acima do nível do mar. A zona norte é constituída por colinas onduladas até 900 m acima do nível do mar (GGNP, 1998).

3.1.4 HIDROLOGIA

A região é uma das principais bacias hidrográficas do rio Benue, o segundo maior rio da Nigéria, que tem as suas nascentes em muitas das cabeceiras do Gashaka Gumti e corre para leste para acabar por se juntar ao rio Níger em Lokoja. Os grandes rios perenes característicos de Gashaka Gumti exercem uma influência considerável na sua conservação e desenvolvimento. Sem pontes permanentes, a região fica quase permanentemente isolada das zonas circundantes durante a estação das chuvas e, embora este isolamento tenha servido para proteger a zona dos piores efeitos da exploração comercial, também impediu o desenvolvimento económico da região. Todos os principais rios têm as suas nascentes nos planaltos orientais que fazem fronteira com os Camarões e incluem o rio Kam, o rio Gashaka, o rio Gamgam, o rio Ngiti e o rio Yim, que se juntam para formar o rio Taraba, que desagua no rio Benue (GGNP, 1998).

3.1.5 SOLO

Existem três tipos básicos de solos na região;

A.   Solos derivados de rochas do complexo do subsolo

B.   Solos derivados de rochas vulcânicas e

C.   Solo derivado de origem aluvial nos vales dos rios. Os dois primeiros tipos de solo acima referidos são geralmente solos rasos, pedregosos e ricos em material de origem (GGNP, 1998).

3.1.6 VEGETAÇÃO

O regime ou padrão de precipitação induzido orograficamente está estreitamente correlacionado com as características do tipo de vegetação da região. Bawden e Tuley (1966) identificaram quatro zonas de vegetação principais:

3.1.6.1 A floresta tropical de planície ocorre principalmente como floresta de galeria e floresta que se forma em blocos ao longo de muitos dos vales dos rios do parque, fundindo-se gradualmente com a floresta de montanha a altitudes mais elevadas. As florestas de galeria são importantes reservatórios de biodiversidade, fornecendo habitats florestais e de orla florestal (GGNP, 1998).

3.1.6.2 Floresta tropical de montanha; a floresta de planície é gradualmente substituída por floresta de montanha com a altitude. A floresta montana do parque contém espécies mais típicas da floresta semidecídua. Grande parte desta floresta ocorre sob a forma de pequenas florestas de galeria, muito frágeis e susceptíveis a perturbações, especialmente devido a queimadas nas pastagens circundantes

3.1.6.3 Pradaria montana; ocorre a altitudes de cerca de 1300 m acima do nível do mar. Este habitat foi criado ao longo do tempo pelas frequentes queimadas na zona do planalto e pelo pastoreio do gado (GGNP, 1998).

3.1.6.4 Floresta de savana; A floresta de savana domina a maior parte da área de Gashaka Gumti. Existem dois tipos principais de savana, nomeadamente, a floresta da Guiné meridional que ocorre na parte sul e a savana da Guiné setentrional que se encontra no sector norte mais seco do parque (GGNP, 1998).

3.1.7 Fauna

O Gashaka Gumti é conhecido por ser excecionalmente rico em biodiversidade. Muitas espécies importantes de vida selvagem ocorrem no parque, incluindo algumas espécies nos limites mais meridionais da sua distribuição, como a coruja-gigante (*Tragelaphus derbianus gigas*), algumas na extensão mais ocidental da sua área de distribuição, incluindo o colobo preto e branco (*Colobus queraza*), e algumas na extensão mais setentrional da sua área de distribuição, como o chimpanzé Pan troglodytes, o gato-dourado *Felis aurata* e o porco-do-mato-gigante *(Hylochoerus meinertzhageni)*.

Os grandes mamíferos típicos da savana ocorrem como o leão (*Panthera leo*), o búfalo (*Cyncerus caffer*) e o porco gigante da floresta *(Hylochoerus meinerzhageni)*, o leopardo (*Panthera pardus*), várias espécies de duiker e outros primatas. O parque alberga também populações importantes de muitas espécies raras, como o junco da montanha de Adamawa (*Redunca fulvorufola*), o *Sitatunga (Tragelaphus spekei), o* Klipstringer *(Coreotragus oreotragus)* e, possivelmente, o Derby eland (*Taurotragus derbianus)* (GGNP, 1998).

3.1.8 Actividades humanas

O impacto da atividade humana é um aspeto importante em qualquer estudo ambiental. Isto porque as actividades humanas podem ter consequências positivas ou negativas a curto ou longo prazo. As actividades humanas notáveis na área de estudo são discutidas abaixo (GGNP, 1998).

3.1.9 População humana

A região e a área de Gashaka Gumti, em particular, ainda se caracterizam por uma densidade populacional relativamente baixa, embora esteja agora a crescer rapidamente com o afluxo de pessoas de fora da área que procuram tirar partido dos ricos recursos naturais disponíveis. A densidade populacional aumentou de 1 pessoa por km2 em 1952 para cerca de 6 pessoas por km2 atualmente. A maior parte da população está concentrada ao longo das estradas principais da região. Extensas áreas remotas afastadas destas estradas permanecem em grande parte desabitadas (GGNP, 1998).

3.1.10 Agricultura

A economia da região baseia-se predominantemente na agricultura. Estima-se que 80% da população regional se dedica a esta atividade (Green, 1988). A área produz um grande excedente e há uma exportação ativa de vários géneros alimentícios (cereais, inhame, amendoim e soja) para regiões mais densamente povoadas do Leste e do Norte do país, respetivamente (Dunn, 1993). **3.1.11Pastoralismo**

Os pastores Fulani estão espalhados por toda a região. O pastoreio ocorre em dois tipos: nómada e, em segundo lugar, pastoril estabelecido. No entanto, o fator determinante geral é a distribuição da mosca tsé-tsé por toda a região e os Fulani migrantes na estação seca são forçados a deixar a área assim que as chuvas regressam, como resultado, exceto, claro, os Fulani estabelecidos que trouxeram a peste bovina para a região e isto teve um efeito devastador na vida selvagem do parque (Dunn, 1993).

3.1.128 incêndio de ush

Os incêndios florestais têm desempenhado um papel importante na ecologia das savanas africanas desde há milhares de anos. Embora a iluminação possa causar incêndios, são os incêndios provocados pelo homem que predominam atualmente. No PGBH, os incêndios são uma ocorrência regular de gestão sazonal na área. Agricultores, pastores e caçadores furtivos utilizam o fogo como uma ferramenta nas suas várias actividades.

As actividades e a combinação de todas estas utilizações resultaram na alteração da composição do habitat em muitos anos, sendo o exemplo extremo a criação de extensas áreas de prados montanhosos (GGNP, 1998).

3.1.13 Caça furtiva

A caça é amplamente praticada em toda a região, tanto para fins de subsistência como para fins comerciais, apesar do facto de a caça ser proibida pela Lei 36 do Parque Nacional. Sendo uma região predominantemente muçulmana, os primatas e os porcos não são tradicionalmente caçados pela sua carne. Graças a esta proteção indireta, os primatas e os porcos, em particular, são abundantes. No entanto, os caçadores comerciais podem apanhar tudo o que lhes apareça à frente e, segundo consta, vêm de fora da região e de todo o país. Atualmente, tanto os primatas como os suínos estão sob ameaça crescente (GGNP, 1998).

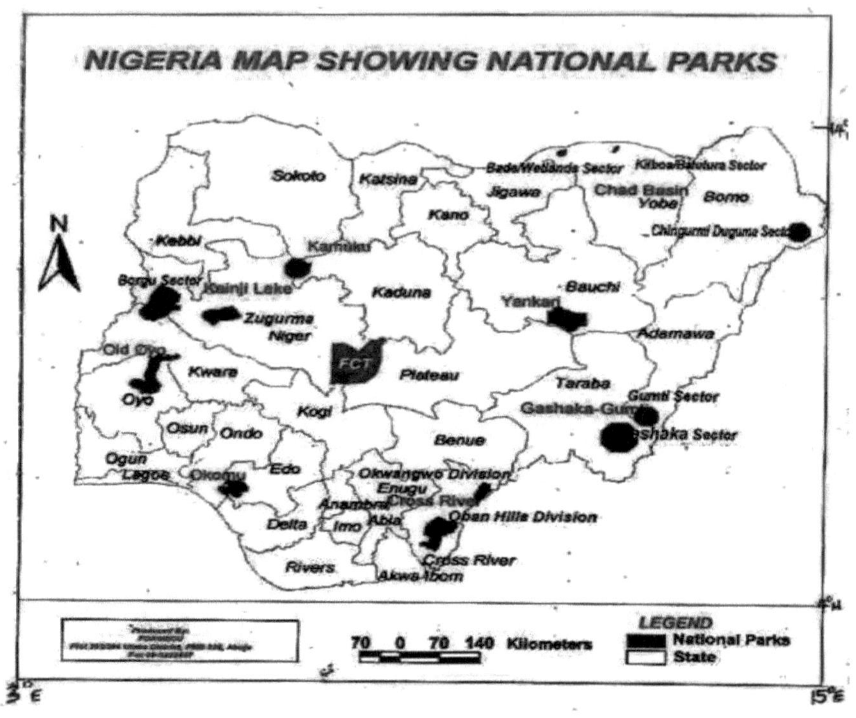

Fonte; NPSB. Abuja

Fig. 3.1 Mapa da Nigéria com a localização do GGNP

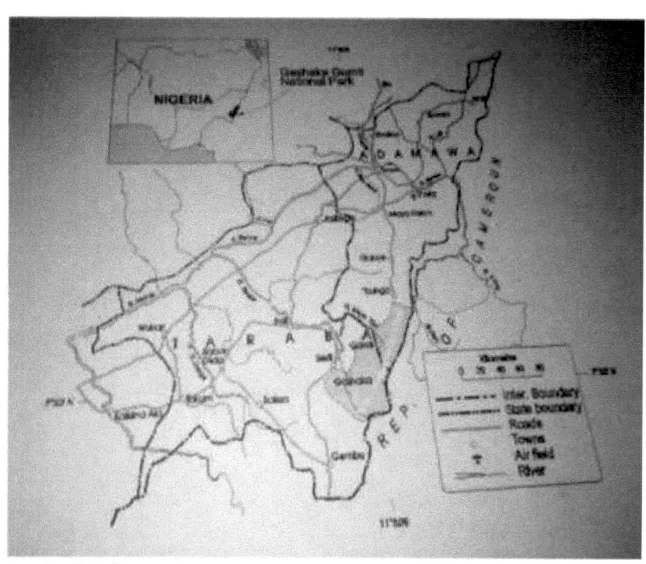

Fig. 3.2 Mapa do PNGB mostrando a área de estudo

3.2 MATERIAIS E MÉTODO

3.2.1 INQUÉRITO DE RECONHECIMENTO

Antes do estudo pormenorizado, foi efectuado um inquérito de reconhecimento na área de estudo para identificar as áreas onde a presença de babuínos é maior.

3.2.2 CONCEPÇÃO DO ESTUDO

Foi utilizado o método "plotless". O parque está dividido em sete sectores. O estudo foi realizado na faixa identificada (por exemplo, faixa de Filinga) dentro do sector de Gashaka. A recolha de dados foi efectuada durante um período de 6 meses, de dezembro a maio de 2013. O local foi visitado cinco (5) dias por mês. O período de visita foi entre as 6:00 e as 9:00 da manhã e as 15:00 e as 18:00 da tarde.

3.2.3 MATERIAIS:

Os materiais utilizados incluem:

Um par de binóculos, um instrumento GPS normal, uma calculadora científica e um caderno de notas de campo.

3.2.4 TÉCNICAS DE RECOLHA DE DADOS

O investigador e a assistência de campo, à chegada ao campo, observaram um grupo de babuínos. O grupo foi seguido durante um período de 2 horas e foi efectuada a observação dos seus hábitos alimentares. O método de varrimento foi utilizado para determinar a forma como os babuínos adquirem e manuseiam as sementes. O Sistema de Posicionamento Global (GPS) foi utilizado para determinar a distância a que as sementes se afastavam da planta-mãe. Foram identificados e registados dados sobre os tipos de sementes consumidas, os métodos de manuseamento das sementes, a distância a que as sementes foram movidas e os excrementos frescos dos babuínos durante o período. As amostras de sementes defecadas foram recolhidas, lavadas e seleccionadas para determinar as espécies de plantas consumidas.

3.2.5 ANÁLISE DE DADOS

Os dados foram analisados através de estatísticas descritivas (tabelas, quadros e gráficos).

CAPÍTULO QUATRO

RESULTADOS E DISCUSSÃO

RESULTADOS

Os resultados deste estudo são apresentados a seguir. O resultado mostra que o número e os tipos de espécies de árvores comidas e movidas por babuínos nas parcelas amostradas é muito elevado. A tabela 4.1 mostra o número total de espécies de árvores encontradas na área de estudo e a importância relativa das sementes dispersas (12 árvores) na área de estudo. O quadro mostra que os frutos e as suas sementes observados comidos por babuínos foram 2612, enquanto um total de 31859 sementes foram retiradas da planta-mãe. A tabela também mostra que *Cercocephalis laurifolis* 30,15% tem a maior quantidade de sementes removidas, seguida por *Landolphia marcurantha* 28,02%, enquanto *Erythrophyleum suavaolens* 0,5% foi a semente menos consumida. Por conseguinte, as sementes potencialmente dispersas mais elevadas são as de *Cercocephalis laurifolis* 26,52%, seguidas também por *Landolphia marcurantha* 24,64%.

A Tabela 4. 2 mostra o destino das sementes estimadas manipuladas pelos babuínos e a taxa de ingestão, queda e remoção de sementes. A tabela mostra que *Eleais guineensis* 103 foi a maior semente ingerida e largada, enquanto *Landolphia landolphioides* 27 sementes foi a menos largada. A tabela também mostra que *nas* fezes *dos babuínos* foi encontrado um total de 10 sementes de Annona senegalensis em média, sendo a mais alto, seguido por *Cercocephalis laurifolis e Landolphia marcurantha* com 4 sementes cada nas faces.

A figura 4.1 mostra o comportamento de manuseamento de frutos dos babuínos da oliveira na área de estudo (%). A figura mostra que as sementes engolidas e as defecadas são 73,56%, sendo as mais elevadas, enquanto que as sementes desconhecidas1,08 são as menos.

A figura 4.2 mostra os padrões de alcance/distância a que as sementes são deslocadas pelos babuínos da oliveira na área de estudo (m). A figura mostra que as sementes de *Erythrophyleum suavaolens* foram deslocadas a 25 m de distância da planta-mãe, tendo a distância mais longa, seguida das espécies de videira, a 22 m, enquanto *Piliostigma thonnigii*, a 19 m, tem a distância mais curta.

A fig. 4.3 mostra os padrões de alcance/distância dos babuínos de oliveira por mês na área de estudo. A figura mostra que o mês de janeiro registou a maior distância, 1065m, em que as sementes foram transportadas na área, enquanto o mês de abril registou a menor distância, 635m.

Os resultados sobre a intensidade da utilização de plantas pelo homem mostram que 123 das espécies de plantas-chave foram altamente utilizadas pelo homem, tabela 4.3.

Quadro 4. 1. Importância relativa das sementes dispersas (em 12 árvores) na área de estudo

S/No	Espécies de árvores	Visitas (n)	Comido por visita $()^n$	Removido por visita $()^n$	(%)	Potencialmente disperso (n)	(%)
1	*Annona senegalensis*	14	164	2044	6.42	204	2.25
2	*Sarcocephalus latifolius*	13	739	9607	30.15	2402	26.52
3	*Eleais guineensis*	23	125	2875	9.02	0	0
4	*Erythrophleu m suaveolens*	8	27	162	0.5	54	0.59
5	*Landolphia macrantha*	12	744	8928	28.02	2232	24.64
6	*Landolphia landolphioides*	11	235	2585	8.11	1279	14.12
7	*Pakia biglobosa*	9	109	981	3.08	0	0
8	*Parinari excelsa*	13	82	1066	3.34	0	0
9	*Piliostigma thonnigii*	8	64	512	1.61	0	0
10	*Piper guineensis*	5	85	425	1.33	213	2.35
11	*Espécies de videiras*	7	70	490	1.54	490	5.41
12	*Vitex doniana*	13	168	2184	6.85	2184	24.11
	Total	**136**	**2612**	**31859**	**99.97**	9058	**99.9**

9

Quadro 4. 2. Destino das sementes estimadas tratadas por

Os babuínos e a taxa de ingestão, queda e remoção

Espécies de árvores	Total comido (n)	Gota d (n)	Remover d(n)	Fece s(n)	Potencial letra Dispersar $d()^n$	Presumir d morto (n)
Annona senegalensis	2044	0	2044	10	204	1840
Sarcocephalus latifolius	9607	0	9607	4	2402	7205
Eleais guineensis	2875	103	2772	0	0	2772
Erythrophleu m suaveolens	162	0	162	3	54	108
Landolphia macrantha	8928	0	8928	4	2232	6696
Landolphia landolphioides	2585	27	2558	2	1279	1279
Pakia biglobosa	981	62	919	0	0	919
Parinari excelsa	1066	31	1035	0	0	1035
Piliostigma thonnigii	512	0	512	0	0	512
Piper guineensis	425	0	425	2	213	212
Espécies de videiras	490	0	490	1	490	0
Vitex doniana	2184	38	2146	1	2184	0

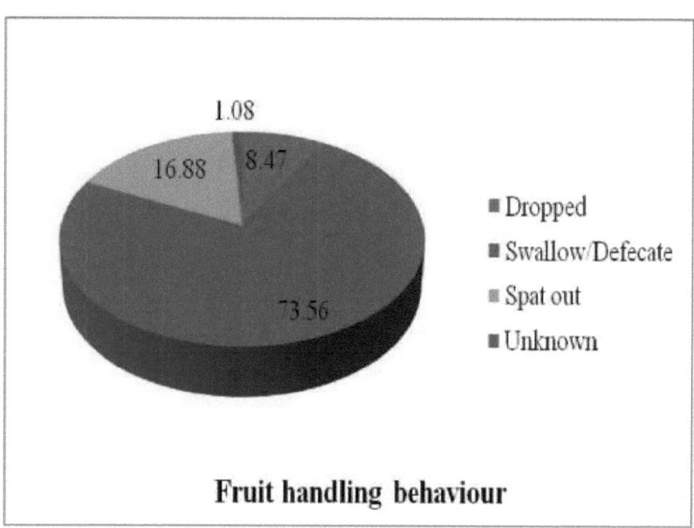

Fig. 4. 1. Comportamento de manuseamento de frutos dos babuínos da oliveira na área de estudo (%)

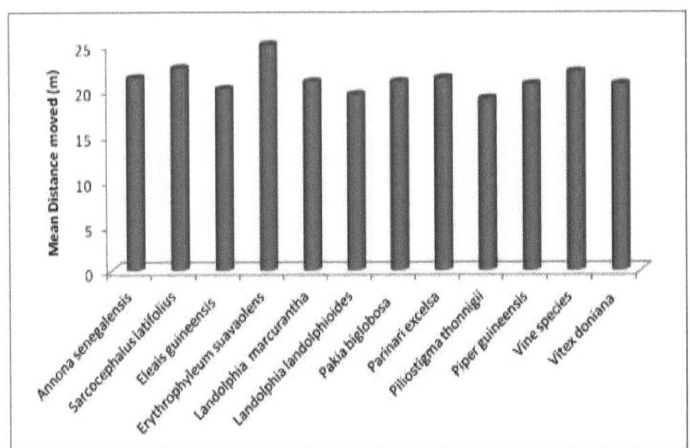

Fig. 4. 2. Padrões de deslocação/distância a que as sementes são deslocadas pelos babuínos-oliva na área de estudo (m)

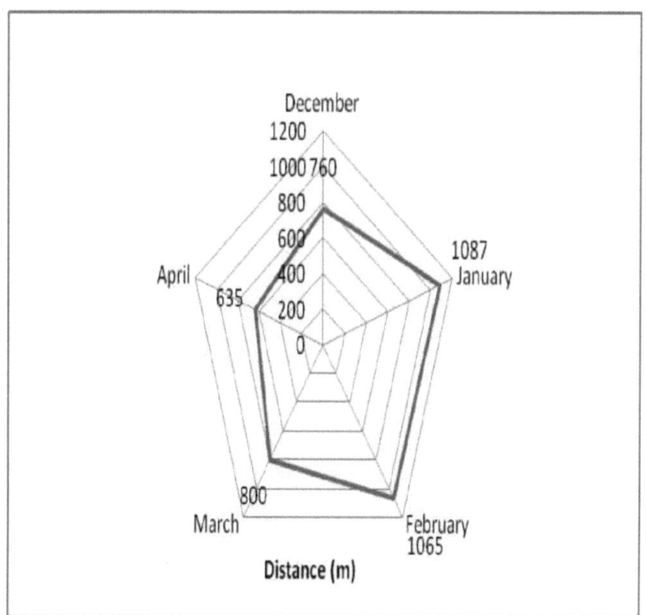

Fig. 4. 3. Padrões de deslocação/distância dos babuínos das Oliveiras por mês na área de estudo.

Tabela 4.3. Espécies de árvores utilizadas pelo homem na área de estudo (%)

S/No	Espécies de árvores utilizadas	Número de sementes identificadas	Percentagem (%)
1	*Annona senegalensis*	60	7.83
2	*Sarcocephalus latifolius*	55	7.13
3	*Eleais guineensis*	78	10.18
4	*Erythrophleum suaveolens*	77	10.05
5	*Landolphia macrantha*	3	0.39
6	*Landolphia landolphioides*	44	5.74
7	*Pakia biglobosa*	67	8.75
8	*Parinari excelsa*	77	10.05
9	*Piliostigma thonnigii*	97	12.66
10	*Piper guineensis*	67	8.75
11	*Espécies de videiras*	43	5.61
12	*Vitex doniana*	98	12.79
	Total	**766**	**99.93**

Fonte: Inquérito de campo

<u>**Tabela 4.4. Tipos de utilizações por humano (%)**</u>

S /Não	Espécies de árvores utilizadas	Utilizações				
		Aliment os /pimenta	Me dici ne	Sol d	Lenha	Peças utilizadas
1	*Annona senegalensis*	-	X	-	X	Rebentos e folhas jovens
2	*Sarcocephalus latifolius*	-	X	-	X	Casca
3	*Eleais guineensis*	X	X	X	X	fruta
4	*Erythrophleum suaveolens*	-	-	-	X	Madeira seca
5	*Landolphia macrantha*	-	-	-	X	Madeira seca
6	*Landolphia landolphioides*	-	-	-	X	Madeira seca
7	*Pakia biglobosa*	X	X	X	X	Folha Caule, semente
8	*Parinari excelsa*	-	-	-	X	
9	*Piliostigma thonnigii*	-	X	-	X	Deixar e enraizar
10	*Piper guineensis*	-	-	-	X	Madeira seca
11	*Espécies de videiras*	X	X	X	X	Madeira seca
12	*Vitex doniana*	-	X	-	-	Casca

Do quadro acima X= Utilizado, - = Não utilizado

Quadro 4. 4. Problemas que os babuínos enfrentam na área de estudo

Problemas	Efeito	Solução
Desflorestação	As florestas foram destruídas pelos seres humanos, tornando difícil a sobrevivência dos babuínos.	A desflorestação indiscriminada, a queima de arbustos e as actividades agrícolas na área devem ser minimizadas de modo a permitir que a vida selvagem tenha cobertura e alimentação suficientes para a sua sobrevivência.
Caça furtiva.	Há uma matança indiscriminada de babuínos por caçadores no parque	A autoridade do parque deve reforçar a patrulha anti-caça furtiva, de modo a impedir que os seres humanos entrem no parque e matem a maioria dos babuínos e outros animais
Outros predadores	Outros predadores como hienas e leopardos estão a alimentar-se de babuínos no parque.	Devem ser envidados esforços para que outros os animais como os roedores aumentam em número, fornecendo assim alimento aos carnívoros, pelo que o número de babuínos aumentará.
Escassez de fruta e água	Normalmente há escassez de alimentos, especialmente frutas e água durante a estação seca no parque.	O governo deve fornecer provavelmente fonte adicional de água no parque para para ajudar a sustentar os animais durante as estações secas.

4.2 DISCUSSÃO

A partir deste estudo, observou-se que um número total de 12 espécies de árvores com frutos foram visitadas por tropas de babuínos na área de estudo. Embora apenas 8 árvores tenham sido potencialmente dispersas, este número foi considerado muito elevado no que diz respeito apenas à dispersão por babuínos, uma vez que outros animais também participam nas actividades de dispersão, como as espécies de aves, por exemplo Stiles, (2000) confirmou que as aves são provavelmente os dispersores de sementes mais importantes, conforme determinado pelo número de propágulos disseminados com sucesso, seguidos por mamíferos, peixes, répteis e anfíbios. Os resultados indicam que o número e os tipos de espécies de árvores comidas e deslocadas pelos babuínos nas parcelas amostradas são muito elevados. O quadro 4.1 mostra o número total de espécies de árvores encontradas na área de estudo e a importância relativa das sementes dispersas (em 12 árvores) na área de estudo. O quadro mostra que os frutos e as suas sementes observados comidos por babuínos foram 2612, enquanto um total de 31859 sementes foram retiradas da planta-mãe. A tabela também mostra que *Cercocephalis laurifolis* 30,15% tem a maior quantidade de sementes removidas, seguida por *Landolphia marcurantha* 28,02%, enquanto *Erythrophyleum suavaolens* 0,5% foi a semente menos consumida. Os primatas, especificamente, consumiram mais sementes por visita do que qualquer outro dispersor (Holbrook e Loiselle, 2009). O maior número de sementes potencialmente dispersas na área de estudo é *Cercocephalis laurifolis* 26,52%, também seguido por *Landolphia marcurantha* 24,64%. Os resultados indicam que os babuínos no PNGB dispersaram efetivamente um total de 9058 sementes em 4 meses de 8 espécies de sementes. Isto concorda com McConkey, (2000) que relata que os primatas dispersam um número significativo de sementes, e que um único grupo de gibões (*Hylobates mulleri ×agilis)* dispersou um mínimo de 16.400 sementes · km-2 · ano -1 de 160 espécies em Bornéu; e como a taxa de sobrevivência das sementes até 1 ano foi de 8%, um grupo de gibões dispersou efetivamente 13 plântulas· ha-^{1} · ano -^{1}

Placa 1: Tipo de fruta consumida pelo babuíno na área de estudo

A Tabela 4. 2 mostra o destino das sementes estimadas manipuladas pelos babuínos e a taxa de ingestão, queda e remoção de sementes. A tabela mostra que *Eleais guineensis* 103 foi a maior semente ingerida e largada, enquanto *Landolphia landolphioides* 27 sementes foi a menos largada. A tabela também mostra que, nas fezes dos babuínos, foi encontrado um total de 10 sementes de *Annona senegalensis*, em média, sendo a mais elevada, seguida de *Cercocephalis laurifolis e Landolphia marcurantha*, com 4 sementes cada.

A figura 4.1 mostra o comportamento de manuseamento de frutos dos babuínos da oliveira na área de estudo (%). A figura mostra que as sementes engolidas e as defecadas são 73,56%, sendo as mais elevadas, enquanto que o comportamento das sementes desconhecidas é 1,08, sendo o menor. Este estudo está de acordo com o relatório de Norconk *et al.* (1998), segundo o qual as estratégias de manuseamento de sementes dos primatas dependem das interacções entre a sua anatomia digestiva e as características das espécies frutíferas e que os primatas podem processar os frutos e cuspir as sementes nas árvores-mãe ou longe delas.

Utilização do Sistema de Posicionamento Global (GPS) para determinar a distância a que as sementes se afastaram da planta-mãe.

A distância potencial a que as sementes se deslocaram foi estimada calculando as distâncias médias a que as sementes se afastaram das plantas-mãe, utilizando o Sistema de Posicionamento Global (GPS), enquanto se observavam as tropas de dispersão, desde a planta-mãe até ao local onde as sementes são finalmente largadas. A figura 4.2 mostra os padrões de dispersão/distância a que as sementes são deslocadas pelos babuínos-oliva na área de estudo (m). A figura mostra que as sementes de *Erythrophyleum suavaolens* foram deslocadas a 25 m de distância da planta-mãe, tendo o maior alcance, seguido das espécies de videira a 22 m, enquanto *Piliostigma thonnigii* a 19 m tem o menor alcance. Isto está de acordo com a afirmação de Cain *et al.* (2000) de que, embora a maioria das sementes seja dispersa a curtas distâncias, a dispersão a longa distância é crucial, especialmente em escalas temporais geológicas, e que os dispersores de sementes desempenham um papel crítico na regeneração e restauração de ecossistemas perturbados e degradados (Wunderle, 1997), incluindo solos vulcânicos recém-formados (Nishi e Tsuyuzaki, 2004).

A fig. 4.3 mostra os padrões de alcance/distância dos babuínos de oliveira por mês na área de estudo. A figura mostra que o mês de janeiro registou a maior distância, 1065m, em que as sementes foram transportadas na área, enquanto o mês de abril registou a menor distância, 635m.

A partir do quadro 4.3 e do estudo efectuado, o número de espécies contadas totaliza 123 plantas, a densidade média é de 30,75 plantas /hectare, enquanto uma parcela representa 0,01 hectare, pelo que o número de plantas utilizadas por hectare = 307 plantas /ha.

Problemas que os babuínos enfrentam no PNGB

As conclusões deste estudo mostram que o Parque Nacional Gashaka Gumti está atualmente confrontado com muitos problemas ambientais, tais como a desflorestação, a caça furtiva, a agricultura e a escassez de frutos durante a estação seca, quadro 4. 4.

Caça furtiva: A caça furtiva é praticada de forma generalizada em toda a região, tanto para fins de subsistência como comerciais, apesar de a caça ser proibida pela Lei 46 do Serviço Nacional de Parques. Sendo Gashaka uma região predominantemente muçulmana, os primatas não são tradicionalmente caçados pela sua carne. No entanto, os caçadores comerciais podem apanhar tudo o que lhes apareça à frente e que, segundo consta, vem de fora da região e de todo o país. Atualmente, as espécies de primatas, incluindo o babuíno, estão cada vez mais ameaçadas.

A desflorestação, o abate indiscriminado de árvores e a limpeza das florestas para a agricultura tornaram-se uma ameaça para os babuínos, uma vez que estas servem de habitat natural para os animais.

A agricultura: como os babuínos são muito destrutivos por natureza, há tendência para os agricultores os prenderem com armadilhas e outros primatas ou para os envenenarem, o que conduzirá à diminuição do seu número populacional ou à sua migração. A agricultura também leva à perda de habitat e à fragmentação do mesmo.

Escassez de frutos durante a estação seca; Durante a estação seca, quando não há frutos suficientes para se alimentarem, alguns migrarão ou viverão na zona em busca de alimentos, o que provavelmente os fará cair nas mãos de predadores

CAPÍTULO CINCO
5.0 CONCLUSÃO E RECOMENDAÇÕES
CONCLUSÃO

Na área de estudo, os babuínos-oliva são bons dispersores de sementes após a aquisição das mesmas. As suas actividades contribuem para acelerar os processos naturais de regeneração florestal no Parque Nacional Gashaka Gumti. Há um aumento da pressão, particularmente por parte dos agricultores, para eliminar os animais selvagens, incluindo os babuínos, apesar dos avisos do Governo e dos esforços para preservar a espécie. Por conseguinte, o Governo deve continuar a promover a conservação dos babuínos na zona, a fim de contribuir para a perpetuação do ecossistema florestal. Por conseguinte, deve ser alargado o programa de acompanhamento a todas as áreas do parque. Isto ajudará muito a controlar as actividades ilegais, tais como a matança indiscriminada de animais selvagens, incluindo babuínos, por caçadores no parque. Além disso, a educação para a conservação deve ser objeto de grande atenção nesta área, que é um centro de conservação. Os agricultores, bem como os jovens da região, devem estar familiarizados com a importância dos recursos naturais, o que só pode ser conseguido através da educação e da consciencialização.

RECOMENDAÇÕES

Do estudo resultam as seguintes recomendações;

•	A autoridade do parque deve intensificar a patrulha anti-caça furtiva, de modo a impedir que os seres humanos entrem no parque e matem a maioria dos babuínos e outros animais

•	A desflorestação indiscriminada, a queima de arbustos e as actividades agrícolas na área devem ser minimizadas de modo a permitir que a vida selvagem tenha cobertura e alimentação suficientes para a sua sobrevivência.

•	A educação para a conservação deve ser levada a cabo nas comunidades que rodeiam o parque, o que aumentará os seus conhecimentos sobre a conservação da vida selvagem.

•	O governo e as organizações não-governamentais devem tentar financiar a sensibilização para a educação para a conservação em todos os estados da federação, pois isso ajudará a melhorar a imagem do país em matéria de conservação, tanto a nível nacional como internacional.

REFERÊNCIAS

Andresen, E. (1999). Dispersão de sementes por macacos e o destino das sementes dispersas numa floresta tropical peruana. *Biotropica* 31:145-158.

Ayeni J.S.O, Afolyan T.A e Ajayi S.S (1982), introductory handbook on Nigeria wildlife 1st edition pp1-80.

Blumstein, D. T. (2006) Developing an evolutionary ecology of fear: how life history and natural history traits affect disturbance tolerance in birds. Anim Behav 71: pp 389-399.

Cain, M. L., Milligan, B. G., e Strand, A. E. (2000). Dispersão de sementes a longa distância em populações de plantas. *Am. J. Bot.* 87:1217-1227. Chapman 1989;

Chapin, F.S. III, E.S. Zaveleta, V.T. Eviner, R.L. Naylor, P.T. Vitousek, H.L. Reynolds, D.U. Hooper, S. Lavorel, O.E. Sala, S.E. Hobbie, M.C. Mack, e S. Diaz. (2000). Consequences of changing biodiversity. *Nature* 405, pp 234-242.

Chapman, C. A. (1989a). Primate seed dispersal: the fate of dispersed seeds. Biotropica 21:148-154.

Chapman, C. A., e Chapman, L. J. (1996). Frugivoria e o destino de sementes dispersas e não dispersas em seis espécies de árvores africanas. J. Trop. Ecol. 12:491-504.

Chapman, C. A. e Russo, S. E. (2005). Dispersão de sementes ligando a ecologia comportamental à comunidade florestal

Estrutura PARTE CINCO EcologyPIPC05b 11/18/05 13:27 Page 510

Chapman, C. A. (1995). Primate seed dispersal: coevolution and conservation implications. *Evol. Anthropoligy.* 4:74-82.

DaSilva, H.R., De Britto-Pereira, M.C e Caramaschi, U. (1989). Frugivoria e dispersão de sementes por Hyla truncte, uma rã arbórea neotropical copeia 3: PP781-783.

Davies, G. (1999). Seed-eating by red leaf monkeys (*Presbytis rubicunda*) in dipterocarp forest of northern Borneo. *Int. J. Primatol.* 12:119-144.

DeSteven, D., e Putz, F. E. (1984). Impacto dos mamíferos no recrutamento inicial de uma árvore de copa tropical, *Dipteryx panamensis*, no Panamá. *Oikos* 43:207-216.

Dew, J. L. (2001). Synecology and seed dispersal in woolly monkeys (*Lagothrix lagotricha poeppigii*) and spider monkeys(*Ateles belzebuth belzebuth*) in Parque Nacional Uasuni, Ecuador [PhD diss.]. Universidade da Califórnia, Davis.

Dunn, A.(1993). The large mammals of GGNP, Nigeria: line transect surveys of forest to savannah. Um relatório preparado para a FMA, WRRD, NCF, Lagos e WWF- UK.

Estrada, A., e Coates-Estrada, R. (1986). Consumo de frutos e dispersão de sementes por macacos uivadores (*Alouatta palliata*) na floresta tropical de Los Tuxtlas, México. *Am. J. Primatol.* 6:77-91.

Estrada, A., e Coates-Estrada, R. (1994). Frugivoria em macacos uivantes (*Alouatta palliata*) em Los Tuxtlas, México: dispersão e destino das sementes. In: Estrada, A., e Fleming, T. H. (eds.), Frugivores and Seed Dispersers. Dr. W. Junk Publishers, Dordrecht. pp. 94-104.

Ezealor, A. U. (2002). Sítio crítico para a conservação da biodiversidade na Nigéria. NCF, Lagos.

Nigéria. Pp3-9.

Fuwape, J.A. e Onyekwelu, J. C. (1995). The Effect of Uncontrolled Fuelwood collection on the environment. Actas do Workshop de Formação Regional na Universidade Federal de Tecnologia de Akure, Nigéria pp256- 258.

Fjeldsa J (1999) The impact of human forest disturbance on the endemic avifauna of the Udzungwa mountains, Tanzania. Bird Conserv Int 9:47-62

Fleagle, J. G. (1999). *Primate Adaptation and Evolution*. Academic Press, Nova Iorque.

Divisão de Serviços Florestais -FSD (1996). Relatório Anual. Ministério do Território e das Florestas, Acra, Gana.

Garber, P., e Kitron, U. (1997). Seed swallowing in tamarins:Evidence of a curative function or enhanced foraging. Jornal Internacional de Primatologia, 18(4), 523. Obtido em 11 de abril de 2010 da base de dados Environment Complete

Parque Nacional Gashaka Gumti-GGNP, 1998). Um plano de gestão para o desenvolvimento do parque e da sua zona de apoio. Preparado pela Nigerian Conservation Foundation e WWF com apoio ao desenvolvimento para o Ministério

Federal da Agricultura e Recursos Naturais.

Gawaise, S. G. (1997) Estudo de transectos de linha de grandes mamíferos em dois locais de savana: Yakubu e Mayo-Kpaa. Relatório SIWES não publicado para o NCF, WWF e GGNP Pp9

Gawaisa, S.G. (2010). O papel do macaco de nariz empinado (Cercopthecus nictans) na regeneração florestal do ecossistema florestal montano da floresta de NgelNyaki, Estado de Taraba, Nigéria.

Green, A.A. (1988). Um Plano de Gestão Integrado para a Reserva de Caça Gashaka Gumti, Estado de Gongola, Fundação para a Conservação da Nigéria Lagos, Um Projeto de Plano de Gestão pg.12

Groves, C. P. (2005). Wilson, D. E.; Reeder, D. M. eds. *Mammal Species of the World* (3ª ed.). Baltimore: Johns Hopkins University Press. pp. 166. OCLC 62265494. ISBN 0-801-88221-4.

Hawthorne W. D. e Abu-Juam A. M. (1995). *Forest protection in Ghana (Proteção das florestas no Gana)*. IUCN/ODA, Cambridge, U.K

Herrera, C. M. e Pellmyr, O. (2002). Dispersão de sementes por vertebrados. In: Herrera, C. M. e Pellmyr, O. (eds.), *Plant-Animal Interactions: An Evolutionary Approach*. Blackwell Science, Oxford. pp. 185-210.

Herremanns, M. (1998) Conservation status of birds in Botswana in relation to land use. Biol. Conserv 86: pp 139-160.

Holbrook, K., & Loiselle, B. (2009). Dispersão em uma árvore neotropical, *Virola fiexuosa* (Myristicaceae): A caça de grandes vertebrados limita a remoção de sementes? Ecology, 90(6), 1449-1455. Obtido em 11 de abril de 2010 da base de dados Environment Complete.

Howe, H. F. (1980). Dispersão de macacos e desperdício de uma fruta neo-tropical. Programa em ecologia evolutiva e comportamento, departamento de zoologia, Universidade de Lowa EUA, Ecological society of America Ecology, 61(4). Pp 944-959.

Howe, H. F. (1989). Dispersão e demografia de plântulas: hipóteses e implicações.

Oecologia 79:417- 426.

Howe, H. F., e Smallwood, J. (1982). Ecologia da dispersão de sementes. Annu. Rev. Ecol. Syst.13:201- 228

Janson, C. H. (1982). Adaptação da morfologia dos frutos aos agentes de dispersão numa floresta neotropical. *Science* 219:187-189.Jordano 2000).

Kaplin, B. A., e Moermond, T. C. (1998). Variação no manuseamento de sementes por duas espécies de macacos florestais no Ruanda. Am. J. Primatol. 45:83-101.

Kaplin, B. A., e Lambert, J. E. (2002). Effectiveness of seed dispersal by Cercopithecus monkeys: implications for seed input into degraded areas. In: Levey, D. J., Silva, W.R., and Galetti, M. (eds.), Seed Dispersal and Frugivory: Ecology, Evolution, and Conservation. CABI Publishing, Nova Iorque. pp. 351-364.

Kevin T.P, e Lewis A. O. (1995) An Introduction to Global Environmental Issues. Butter Tanner Ltd From and London pp 251-256.

Kingdon, J. (1997) The Kingdom field guide to African mammals. Natural world academic press Harcourt Brace and company publisher San Diego London pp403- 404.

Kunz, B., & Linsenmair, K. (2007). Mudanças no comportamento alimentar dos babuínos: Maturity- dependent Fruit and Seed Size Selection within a Food Plant Species. International Journal of Primatology, 28(4), 819-835 . doi:10.1007/s10764-007-9160-6.

Lambert, J. E. (1999). Seed handling in chimpanzees (*Pan troglodytes*) and redtail monkeys (*Cercopithecus ascanius*): implications for understanding hominoid and cercopithecine fruit-processing strategies and seed dispersal. *Am. J. Phys. Anthropol.* 109:365-386.

Lambert, J. E. (2000). O destino das sementes dispersas por macacos e cercopitecíneos africanos. *Am. J. Phys. Anthropol.* (suppl.) 30:204.

Lang, K. A. C. (2006). Primate Factsheets; olive baboon Papio anubis Taxonomia, morfologia e ecologia >http:llpin. Primate. Wise. edu/fact sheet/entry. Olive baboon.> Acedido em 2010.

Lawes MJ, Fly S, Piper SE (2006) Game bird vulnerability to forest fragmentation:

patch occupancy of the crested guinea fowl (*Guttera edouardi*) in Afro-montane forests. Anim Conserv 9: pp 67-74.

Linnaeus, C (1766) *systema naturae per regna tria naturae,secundum classes, ordines, genera, species, cum characteribus, synonymis, locis. Tommus* I. Editio decimal, reformata. Holmiae. (Laurentii -Salvii). Recuperado de http:/en.

Lucas, P. W., e Corlett, R. T. (1998). Dispersão de sementes por macacos de cauda longa. *Am. J.*

Primatol. 45:29-44.

Manu S, Peach W, Cresswell W (2007) Os efeitos do bordo, da dimensão da fragmentação e do grau de isolamento na riqueza de espécies de aves numa floresta altamente fragmentada na África Ocidental. Ibis 149: pp 287-297.

Marcus, B, (2002). Tropical Forests, Jones and Bartlett, Sudburry, MA.

McConkey, K. R. (2000). Sombra primária de sementes gerada por gibões nas florestas tropicais de Barito Ulu, no centro de Bornéu. Am. J. Primatol. 52:13-29.

Nigerian Environmental study/Action Team-NEST (1991) The threatened Environment. Um perfil nacional. Publicação NEST. , Intec printer limited. Ibadan pp 182-183.

Nishi, H. e Tsuyuzaki, S. (2004). Dispersão de sementes e estabelecimento de plântulas de Rhus trichocarpa promovidos por um corvo (Corvus macrorhynchos) num vulcão no Japão. Ecografia, 27, 311-22.

Norconk, M. A., Grafton, B. W., e Conklin-Brittain, N. L. (1998). Dispersão de sementes por predadores de sementes neotropicais. Am. J. Primatol. 45:103-126.

Pimm, S.L., G.J. Russell, J.L. Gittleman, e T.M. Brooks. (1995). The future of biodiversity Science 269, 347-350.

Robert J. Steidl e Brian F. Powell (2006) Assessing the Effects of Human Activities on Wildlife. Monitorização do impacto dos visitantes. Volume 23 - Número 2 pp 50-58

Rodger, J. A, Smith, H. T (1997) Set-back distances to protect nesting colonies from human disturbance in Florida. Conserv Biol. 9:89-99.

Shefferly, N. (2004). *Papio anubis*. Animal Diversity. Data de acesso ao site; 27- 08-

2010.

Soladoye, M. O (1992) The conservation of socioeconomic species of the Nigerian flora: In Proceedings of the National forestry training workshop, FRIN. Ibadan, agosto, 14. pp 191-196.

Stapanian , M. A., e Smith, C. C. (1986). Diversity dependant survival of scatter hoarded Nuts: an Experimental approach. Ecology 65: pp 1387- 1395.

Steidl, R.J., e R.G. Anthony. 1996. Respostas das águias-carecas à atividade humana durante o verão no interior do Alasca. *Ecological Applications* 6, 482-491.

Stevenson, P. R. (2000). Dispersão de sementes por macacos lanudos (*Lagothrix lagothricha*) no Parque Nacional Tinigua, Colômbia: distância de dispersão, taxas de germinação e quantidade de dispersão. *Am. J. Primatol.* 50:275-289.

Stiles, E. W., (2000). Animal as seed disperser. Universidade de Rutgers pbl. Piscataway, Nova Jersey, EUA.

Terborgh, J., Pitman, N., Silman, M., Schichter, H., e Nunez, P. V. (2002). Manutenção da diversidade de árvores em florestas tropicais. In: Levey, D. J., Silva, W. R., e Galetti, M. (eds.), *Seed Dispersal and Frugivory: Ecology, Evolution and Conservation*. CABI Publishing, Nova Iorque. pp. 351-364.

Traveset, A e Wilson, M. F. (1997). Efeito de aves e ursos na germinação de sementes de plantas frutíferas frescas na floresta tropical temperada do sudeste do Alasca. Okios 80; pp 89-95

Turner B. L., Clark W. C., Kates R. W., Richards J. F., Matthews J. T. e Meyers W. B. (ed.) (1990). *The earth as transformed by human action*. Cambridge University Press, Cambridge.

Van der Pijl, L. (1982). *Principles of Dispersal in Higher Plants (Princípios de Dispersão em Plantas Superiores)*. Springer-Verlag, Berlim.

Van Roosmalen, M. G. M. (1984). Subcategorização de alimentos em primatas. In: Chivers, D. J.,Wood, B. A., and Bilborough A. (eds.), *Food Acquisition and Processing in Primates*. Plenum Press, Nova Iorque. pp. 167-176.

Vulinec, K. (2002). Comunidades de besouros de esterco e dispersão de sementes em floresta primária e terra perturbada na Amazónia. *Biotropica* 34:297-309.

Waterman, P. G., e Kool, K. (1994). Seleção de alimentos para colobinos e química das plantas. In: Davies, G., e Oates, J. F. (eds.), *Colobine Monkeys: Their Ecology, Behaviour and Evolution*. Cambridge University Press, Cambridge. pp. 251-284.

Wenny, D. G., e Levey, D. J., (1998). Dispersão dirigida de sementes por aves de bico numa floresta tropical; In proceeding of the national academy of sciences 95; pp6204-6207

Wilson D. E. (1992) *The diversity of life*. Belknap, Cambridge, Massachusetts.

Wrangham, R. W., Chapman, C. A., e Chapman, L. J. (1994). Dispersão de sementes por chimpanzés da floresta no Uganda. *J. Trop. Ecol.* 10:355-368.

Wunderle, J. M. (1997). O papel da dispersão de sementes por animais na aceleração da regeneração de florestas nativas em terras tropicais degradadas. Forest Ecology and Management, 99, 223- 235.

Printed by Books on Demand GmbH, Norderstedt / Germany